I0058816

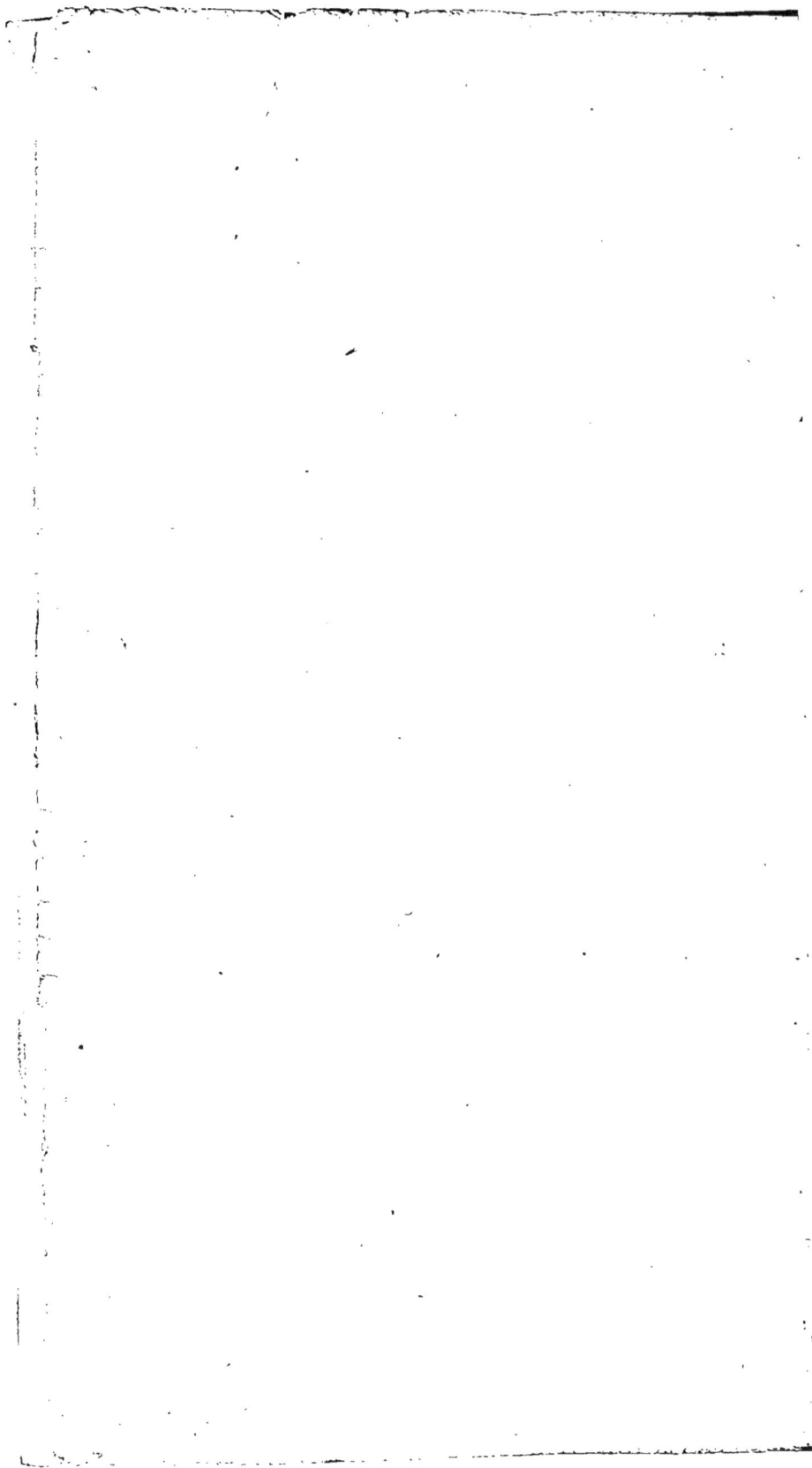

ANALYSE

DES

NOUVELLES EAUX

DE PASSY;

Par M. CANTWEL, *de la Société Royale
de Londres, Docteur, Régent & Ancien
Professeur de Chirurgie Latine , Professeur désigné des Ecoles de Médecine de
Paris.*

A PARIS;

Chez DELAGUETTE, Libraire & Impri-
meur, rue S. Jacques, à l'Olivier.

M. DCC., LV.

Avec Approbation & Permission.

ANALYSE

DES

NOUVELLES EAUX

DE PASSY.

PLUSIEURS perſonnes ont déja fait l'analyſe des Eaux Minérales ; mais c'étoit probablement ſur les lieux. Tout le monde convient que les Eaux perdent quelque choſe, ou ſouffrent quelque altération dans le tranſport, & c'eſt cette réflexion qui m'a donné envie d'en faire l'analyſe dans cette Capitale, où j'ai ſouvent occaſion de les ordonner. A ce motif s'eſt joint celui de la curioſité & le déſir de ſçavoir par moi-même, en attendant que quelqu'un plus verſé dans la Chymie, à laquelle

A

la pratique de la Médecine m'a toujours empêché de me livrer autant que j'aurois voulu, ait donné plus de jour à cette partie de l'art de guérir. Si j'ai dit quelque chose de nouveau dans cette differtation, comme j'ai lieu de le croire, je le foumets volontiers au jugement de ceux qui font plus verfés que moi dans ces fortes de matiéres, & qui fe trouvent en grand nombre dans l'Académie Royale de Sciences. Je receyrai leurs avis avec reconnoiffance, comme je me trouverai honoré de leur approbation.

Je partagerai cette differtation en deux parties. Dans la premiere, je rendrai compte des expériences humides; & dans la feconde, j'expoferai les expériences que j'appellerai féches, parce qu'elles ont été faites avec le réfidu des Eaux évaporées à ficcité. Je finirai par la formation des fubftances qu'on trouve dans ces Eaux, & par les vertus médicinales qu'on y reconnoît.

PREMIERE PARTIE.

Des Expériences humides.

PREMIERE EXPÉRIENCE

Avec le firop de Violettes.

LA couleur bleuë du firop de Violettes fe change en rouge par le mélange
des acides, & en vert par celui des alkalis. Les fels neutres parfaits ne l'alté-
rent point. Voilà la raifon pourquoi on fe
fert de ce firop dans l'analyfe des Eaux
Minérales.

Or il ne peut pas y être de fi grande
conféquence qu'on fe l'imagine. Car il a
la propriété de verdir étant mêlé avec
plufieurs fubftances falines, qui ne font
pas alkalines, par exemple, avec l'eau-
mere de Nitre, avec celle du Sel Marin,
avec le Vitriol de Mars, &c. & même
avec des fubftances falines qui contiennent un excès d'acide, comme l'Alum,
l'eau-mere de Vitriol, &c. Le célébre
Monfieur Rouelle dans fon Mémoire fur
l'excès d'acide dans les fels neutres, fait

voir que le Sublimé corrofif, quoique contenant un excès d'acide, verdit ce firop au lieu de le rougir.

Une cuillerée à caffé de ce firop dans quatre onces d'eau diftillée (a) a fait un bleu pâle. Dans les eaux épurées, la même quantité de ce firop a donné une couleur bleuë, qui tournoit tant foit peu fur le vert. Avec celles de la premiere fource, cette couleur bleuë s'eft changée dans peu de tems en verte, & après quelques heures elle eft devenue d'un vert plus obfcur.

On doit attribuer cette couleur au fer, puifque les eaux épurées ne différent de celles de la premiere fource, que par le fer qu'elles contiennent, & qu'elles dépofent, lorfqu'on les laiffe repofer quelque tems.

Ajoutez à cela qu'en mêlant ce firop avec quelques gouttes d'efprit de Vitriol de Mars purifié & délayé dans

(a) Quatre onces d'eau diftillée étoit la quantité déterminée dont je me fuis fervi dans chaque Expérience. J'ai toujours pris la même quantité à peu prés des eaux épurées, & de celles de la premiere fource pour les autres Expériences; de façon que d'un coup d'œil je voyois la différence qu'il y avoit dans les trois verres.

l'eau diſtillée, on obtient une couleur
verte à peu près ſemblable.

Il ſuit de-là qu'on doit attribuer cette
couleur verte au fer, & non pas à l'eau-
mere du Sel Marin, comme l'on fait.

DEUXIÉME EXPÉRIENCE

Avec l'infuſion des Noix de Galles.

L'infuſion des Noix de Galles & de
pluſieurs autres matiéres végétales, ſur-
tout de celles qui ſont les plus aſtringen-
tes, étant mêlée avec les ſolutions de
fer, fait du noir, du bleu foncé, du
violet & du pourpre, ſelon la quantité
plus ou moins grande de fer qui s'y
trouve ; enſorte que beaucoup de fer
fait une couleur noire, & une très-
petite quantité de fer fait un violet ou
un pourpre. Ces infuſions agiſſent auſſi
ſur le fer en ſubſtance, & le noirciſſent.
Voilà pourquoi on s'en ſert pour découvrir le fer contenu dans les Eaux
Minérales. Ces couleurs ſe précipitent
après quelque tems, à moins qu'on n'y
ajoute quelque matiére mucilagineuſe,
comme on fait en faiſant de l'encre, ce
qui ſuſpend le fer déja beaucoup diviſé.

Huit gouttes d'une forte infufion des Noix de Galles dans l'eau diftillée n'ont produit aucun changement, fi ce n'eft qu'une légére altération dans fa couleur, altération qui étoit entiérement duë à la feule couleur de l'infufion.

La même quantité mêlée avec les eaux épurées a fait à peu près le même effet.

Dans celles de la premiere fource, c'étoit d'abord un rouge pâle, qui s'eft changé peu après en violet. Celui-ci eft devenu dans quelque tems plus obfcur, & après quelques heures il s'eft fait un précipité affez confidérable d'un violet obfcur.

TROISIÉME EXPÉRIENCE

Avec l'infufion du Bois d'Indes.

L'infufion du Bois d'Indes, & celle de bien d'autres fubftances colorantes, comme de la Cochinille, &c. eft employée de même pour découvrir fi les Eaux Minérales contiennent du fer. Mais elles font d'un ufage plus extenfif que celles des Noix de Galles, parce que les acides & les alkalis les font changer de couleur.

Quatre gouttes d'une très forte infufion du Bois d'Indes dans l'eau diſtillée ont produit un rouge brun, qui eſt à peu près la couleur de cette infuſion mêlée avec l'eau.

La même quantité mêlée avec les eaux épurées a donné un pourpre violet, & après quelques heures un précipité tirant ſur le pourpre. Ne peut-on pas conclure de là qu'il y a encore un atôme de fer contenu dans ces eaux, quoique l'infuſion des Noix de Galles ne le manifeſte pas ?

La même quantité de cette infuſion ne ſuffit pas pour précipiter tout le fer des eaux de la premiere ſource. Il en a fallu douze gouttes qui ont d'abord donné une couleur rouſſe, un peu après une violette, enſuite une violette tirant ſur le vert, qui eſt devenue quelque tems après plus foncée, & il s'eſt fait enſuite un précipité violet tirant ſur le noir.

QUATRIÉME EXPÉRIENCE.

Avec le papier bleu à ſucre.

Le papier bleu à ſucre rougit avec les acides ; mais il ne verdit pas avec les al-kalis. Il n'a pas été du tout alteré par nos eaux, quoiqu'on l'y ait laiſſé tremper

quelques jours : preuve qu'elles ne contiennent point d'acide libre.

CINQUIÉME EXPÉRIENCE

Avec les Alkalis.

Les alkalis foit. fixes, foit volatils, ont la propriété de précipiter les fubftances métalliques & les terres abforbantes qui font unies à des acides. Voilà pourquoi on s'en fert dans l'analyfe des Eaux Minérales. On les employe aufîi pour découvrir les acides avec lefquels ils font toujours effervefcence, à moins qu'ils ne foient extrêmement délayés. L'alkali volatil peut être encore utile pour découvrir le cuivre ; mais une lame de fer bien polie vaut mieux.

Comme les alkalis fecs, tant fixes que volatils, font une plus grande effervefcence avec les acides délayés dans beaucoup d'eau, que les mêmes alkalis diffous, ils font préférables à ces derniers pour découvrir les acides des eaux ; mais ces derniers font préférables aux premiers pour caufer la précipitation, parce que les alkalis fecs dépofent toujours un fédiment après leur diffolution, lequel fédiment fe mêle avec le précipité & doit l'altérer.

Les alkalis ne font aucun changement dans l'eau diftillée, & ils ne font aucune effervefcence ni dans les eaux épurées, ni dans celles de la premiere fource : preuve qu'il n'y a point d'acide libre dans ces eaux. Ils ont produit un précipité affez confidérable dans les eaux épurées & dans celles de la premiere fource ; celui des eaux épurées étoit blanc, & celui de la premiere fource d'une couleur un peu verdâtre, qui venoit du fer qu'elles contiennent : il étoit auffi plus abondant que celui des eaux épurées.

SIXIÉME EXPÉRIENCE

Avec le Savon.

Le Savon agit à peu près comme les alkalis, & décompofe les fels neutres à bafe terreufe & à bafe métallique. Le Savon eft en même-tems décompofé par les acides des fels neutres ; de forte qu'il arrive alors une double décompofition. Les acides libres doivent à plus forte raifon décompofer le Savon. C'eft pour cela qu'on peut s'en fervir pour décou-

A v.

vrir si une Eau Minérale contient des terres absorbantes, ou des substances métalliques, & en quelle quantité à peu près.

Le Savon dissout dans l'Esprit-de-vin affoibli avec de l'eau, étant mêlé avec l'eau distillée, ne produit point de changement d'abord ; mais après quelques heures, il se fait une espece de nuage très leger.

Dans les eaux épurées, cette solution de Savon a été décomposée & changée en un caillé blanc.

Dans les eaux de là premiere source, elle a été changée en caillé roux, qui étoit plus considérable que celui des eaux épurées. Cette couleur vient du fer. Ces caillés sont composés de la partie huileuse du Savon, des terres absorbantes, & des substances métalliques que l'alkali fixe du Savon a précipitées ; du moins cela est arrivé avec le Savon dont je me suis servi, qui étoit fait de suif.

SEPTIÉME EXPÉRIENCE.

Avec l'acide nitreux bien saturé avec du Mercure, & au point de la Chrystallisation.

Le Mercure uni à l'acide nitreux est

précipité en couleur rouge fale par les alkalis fixes, & en grife par les alkalis volatils. Les fels neutres, dont l'acide eft celui de Vitriol, le précipitent en jaune, ce précipité eft le Turbith Minéral dont on fe fert en Médecine ; & les fels neutres, dont l'acide eft celui du fel marin, le précipitent en blanc, précipité dont on fe fert pareillement en Médecine.

Cette folution de Mercure mêlée avec de l'eau diftillée, ne fouffre point de changement. Si on en mêle trois ou quatre gouttes avec la quantité fufdite d'eau épurée, c'eft-à-dire avec quatre onces, il fe fait un nuage blanc mêlé de jaune au fond du verre, où cette folution de Mercure eft portée par fa gravité fpécifique ; mais en remuant bien le tout, la couleur jaune difparoît, & la blanche fe communique à toute la liqueur contenue dans le verre. Enfuite il fe fait un précipité blanc.

Si on y mêle plus de quatre gouttes, on aura beau remuer, la liqueur reftera jaune, & il fe fait un précipité de la même couleur Si on y mêle huit ou dix gouttes, le précipité fera plus jaune & plus confidérable.

J'ai obfervé que trois gouttes &

demie de la folution de Mercure fuf-
fifoit pour faire le précipité blanc, &
que ce qu'on met au de-là jufqu'à neuf ou
dix gouttes, fert à faire du Turbith. De-
là ne peut-on pas conclure que les fels
neutres vitrioliques font en plus grande
quantité dans ces eaux, que les fels
neutres dont l'acide eft celui du fel
marin?

Voyons à préfent pourquoi la couleur
jaune du fond du verre a difparu, & eft
devenue blanche dans notre premiere
Expérience. L'acide de fel a plus d'affi-
nité avec le Mercure que n'en a l'acide vitriolique. Le précipité jaune n'eft autre
chofe que du Mercure uni à l'acide vitriolique. Il fe trouve dans ces eaux un
fel marin, ou fon eau-mere, par conféquent fi on mêle le précipité jaune dans
ces eaux, de façon que l'acide de fel
puiffe venir en contact avec lui, le Mercure quittera l'acide vitriolique pour
s'unir à l'acide de fel. Par conféquent le
précipité doit difparoître, & il fe fera
un précipité blanc.

Il arrive à peu près les mêmes phéno-
menes avec les eaux de la premiere
fource.

HUITIÉME EXPÉRIENCE

Avec l'acide nitreux bien faturé d'argent fin.

Le principal ufage de la folution d'argent dans l'analyfe des Eaux Minérales, eft de démontrer le fel marin, ou fon eau-mere ; car elle forme avec l'acide de fel une matiére tout-à-fait infoluble, qui fe précipite quand elle eft formée, & qu'on nomme *lune cornée*.

Cette folution ne peut guères être d'ufage pour démontrer les fels vitrioliques, comme tout le monde l'a crû jufqu'à préfent, ce que je ferai voir plus bas. Il eft vrai qu'un alkali contenu dans les Eaux Minérales les fera précipiter auffi ; mais le précipité ne fera plus une *lune cornée*.

L'eau diftillée n'altére pas cette folution ; mais quand j'en ai mêlé douze gouttes avec les eaux épurées, il s'y eft fait une couleur laiteufe, qui s'eft précipitée après quelques heures. Alors la liqueur furnageante eft devenue pourpreufe, & il s'eft fait quelques heures après un fecond précipité, qui étoit pourpreux &

peu confidérable ; celui-ci a pris fa place fur le précipité blanc. Le précipité pourpreux ne viendroit-il pas d'un atóme de fer ?

Dans les eaux de la premiere fource il s'eft auffi trouvé deux précipités, l'un blanc, l'autre couleur d'ardoife. Celui-ci étoit beaucoup plus confidérable que le précipité pourpreux des eaux épurées. Le premier précipité ou le blanc eft une vraie lune cornée & l'ardoifé eft dû au fer. Car on produit à peu près les mêmes précipités avec quelques gouttes de la même folution d'argent, mêlées avec du fel marin & du vitriol délayés dans beaucoup d'eau diftillée. Ce qu'on n'obtiendroit pas par le mélange du fel marin feul, ou de fon eau-mere.

Puifqu'il arrive ici une double décompofition pourquoi le fer fe précipite-t'il, & pourquoi ne fe tient-il pas en folution par l'acide nitreux qui eft uni à l'argent ? C'eft apparemment que le fer diffous dans l'eau eft privé en grande partie de fon phlogiftic. Car le fer privé de ce principe n'eft point foluble dans l'acide nitreux, ce qui a apparemment fait conclure à Monfieur Sthall que les chaux métalliques n'étoient pas folubles par cet

acide. Mais il s'est trompé ; car les fleurs
du Zinc y font folubles.

Le fel de Glauber ne peut pas contribuer à former ce précipité ; car l'argent uni à l'acide vitriolique est beaucoup
plus foluble dans l'eau qu'on ne le penfe.
La preuve en est, que fi on mêle de
l'argent diffous par l'acide nitreux avec
une folution de fel de Glauber faite
dans l'eau diftillée , il fe fait un précipité
qui n'eft que l'argent uni à l'acide vitriolique du fel de Glauber. Or ce précipité
fe diffout en y mêlant de l'eau. De plus,
en mêlant notre folution d'argent avec
le fel de Glauber , ou avec les Vitriols ,
ou avec l'Alum délayés dans beaucoup
d'eau , il ne fe fait pas de précipité.

Cela m'a déterminé à tenter fi l'eau
forte précipitée étoit privée de fon acide
vitriolique, & j'ai trouvé que non. Ainfi
pour avoir l'eau forte précipitée exempte
de fon acide vitriolique , il la faut recti-
fier avec du nitre , ce que Monfieur
Rouelle a propofé, quand il s'agiffoit d'a-
voir un acide nitreux privé de tout fon
acide vitriolique pour enflammer les
huiles.

NEUVIÉME EXPÉRIENCE

Avec l'huile de Chaux.

Le deffein de ce mélange eft de démontrer fi le fer ou le cuivre d'une Eau Minérale eft tenu en folution par un acide vitriolique ; car lorfque ces métaux s'y trouvent diffous ou fufpendus par l'acide vitriolique, le mélange de l'huile de chaux y caufe une altération, & donne un précipité qu'on nomme *félénite*. Si cependant il ne s'y trouvoit qu'une très-petite quantité de ces métaux dans l'Eau Minérale, il ne fe formeroit pas de précipité. Si l'Eau Minérale contient un alkali fixe, le mélange de l'huile de chaux y produit un précipité de la terre abforbante qu'elle contient.

Cette huile n'a fait aucun changement dans les eaux épurées. Le précipité qui s'eft fait par fon mélange avec les eaux de la premiere fource, ne m'a pas paru fi confidérable que celui qui s'y fait fans aucun mélange, d'où il fuit que cette huile de chaux contribue par fon acide furabondant à tenir le fer en folution.

DIXIÉME EXPÉRIENCE

Avec l'acide vitriolique.

L'acide vitriolique auffi bien que les autres acides mêlés avec les nouvelles Eaux de Paffy , même avec celles de la premiere fource , n'y caufent pas la moindre effervefcence , ni aucun changement, excepté que le fer y refte fufpendu & parfaitement uni aux eaux , ce qui m'a déterminé à faire l'Expérience fuivante.

J'ai rempli deux phioles à firop d'une chopine chacune, de l'eau de la premiere fource , & les ai bouchées légérement avec du papier. Dans l'une j'ai laiffé tomber cinq gouttes d'huile de Vitriol, les eaux de l'autre phiole étoient pures & fans aucun mélange , il s'eft fait bien-tôt un précipité jaunâtre dans cette derñiére phiole , & ce précipité a augmenté un peu pendant trois femaines. J'ai fait entretenir un feu continuel dans la chambre , fur la cheminée de laquelle étoient placées ces deux phioles. La premiere a refté toujours claire , fans aucun changement , ni précipité , même après avoir été bien échauffée pendant huit heures auprès

du feu. Au bout de trois semaines, j'ai laissé tomber six gouttes d'huile de Vitriol dans la seconde phiole où s'étoit fait le précipité, je l'ai remuée un peu, & ensuite je l'ai placée devant le feu pendant près d'une heure ; le précipité a disparu, l'eau s'est éclaircie, & est devenue aussi transparente que celle de la premiere phiole, & a resté toujours dans le même état.

Toutes les fois qu'on dissout le Vitriol de Mars ordinaire, il s'en précipite une portion en Ochre, ce qui n'arrive pas, du moins si-tôt, si on y mêle un peu d'acide vitriolique. J'ai tenté cette Expérience pour m'éclaircir sur la précédente. Ne se feroit-il pas une décomposition de l'acide vitriolique dans cette opération, & sa terre ne contribueroit-elle pas à former l'Ochre ?

Je ne doute nullement qu'une moindre quantité d'huile de Vitriol, par exemple trois gouttes, ne produisent le même effet, & voilà, à ce qu'il me paroît, le vrai moyen de conserver la vertu Martiale des Eaux Minérales ferrugineuses pendant toute l'année, & de prévenir la perte de tant d'Eaux Minérales de cette espece qui se gâtent dans le transport.

Et quel mal y a-t'il à craindre d'une goutte d'huile de Vitriol dans trois ou quatre onces d'eau, fur-tout quand cet acide eſt uni au fer ? Ne prend on pas des Elixirs, comme Remèdes où il y en a beaucoup plus à proportion ?

ONZIÉME EXPÉRIENCE

Avec le Lait.

Comme ces eaux ne caillent pas le lait à froid, j'ai fait bouillir une chopine de lait, & dans le tems de l'ébullition, j'y ai verſé environ une chopine des eaux épurées, qui dans moins d'une minute l'ont caillé. J'ai paſſé enſuite ce petit lait, & je l'ai trouvé très-doux & fort clair ſans aucun goût de fer.

L'infuſion des Noix de Galles, non plus que celle du Bois d'Indes mêlée avec le petit lait, n'a donné nulle marque de fer.

J'ai réitéré ces Expériences avec les eaux de la premiere ſource. Le petit lait s'eſt fait en moins de tems, & il étoit plus clair que le précédent. La teinture du Bois d'Indes y a fait d'abord quelque impreſſion, & il n'a paru que le goût

de celui-ci étoit moins doux que celui
du précédent. Je l'ai clarifié enfuite avec
des blancs d'œufs & l'ai filtré. Il a paru
alors auffi doux que le premier & fort
clair. Les infufions n'y ont plus fait d'im-
preffion, ce qui m'a déterminé à en laiffer
tomber quelques gouttes fur le caillé,
qui a d'abord donné quelques marques
de fer.

DOUZIÉME EXPÉRIENCE

Avec l'eau de la Riviere, l'eau·mere de fel
& la folution de Vitriol, avec le Lait.

L'eau de la Riviere bouillie avec le
même lait ne l'a pas caillé ; mais une
très-petite quantité de l'eau·mere de fel
marin bien délayée dans l'eau de la Riviere, a d'abord caillé le même lait que
j'avois déja fait bouillir avec l'eau de la
Riviere, & le petit lait qui en a été fait,
étoit plus clair & plus agréable que le
précédent.

Une très-petite quantité de la folution
de Vitriol vert diffous dans l'eau diftillée,
a caillé d'abord le lait. Ce petit lait & le
caillé étoient un peu verdâtres & ftipti-
ques, quoique la folution de Vitriol fut

délayée dans beaucoup d'eau. La teinture des Noix de Galles y a produit un changement remarquable.

De ces Expériences on peut conclure que les Eaux de Paſſy coagulent le lait non-ſeulement par le fer qui y eſt en ſolution, mais auſſi par l'eau-mere du ſel marin. Le ſélénite que ces eaux contiennent n'y contribueroit - il pas un peu auſſi ?

Je ſuis porté à croire que la plus grande partie des ſels neutres formés par l'union d'un acide & d'une terre abſorbante, ou par l'union d'un acide & d'une ſubſtance métallique, ſeroit capable de cailler le lait.

Cette méthode de faire le petit lait eſt beaucoup plus expéditive que l'ordinaire à tous égards, & ſatisfera mieux aux intentions du Médecin. Celui qu'on fait avec la crême de Tartre s'en trouve chargé, & pour en ôter le goût, on eſt obligé d'y méler du ſirop de Violettes. Celui qu'on fait avec la préſure contient beaucoup de ſel, dont nous ne prenons que trop tous les jours. Dans celui qu'on fait avec les Eaux de Paſſy, l'acide ne ſe fait pas ſentir ; il eſt très-agréable, & n'a pas beſoin d'être adouci.

SECONDE PARTIE.

Des Expériences séches.

PREMIERE EXPÉRIENCE

Sur la partie saline & soluble par évaporation.

SOixante pintes de l'eau de la premiere source ayant été évaporées à siccité, deux pintes à la fois, & non pas le tout ensemble à la façon ordinaire, (car une longue ébullition, & même une longue digestion décompose les matiéres salines, & les réduit en terre, comme le remarque Viganus à l'égard du sel marin,) ont donné sept onces, quatre gros & trente grains d'un résidu rougeâtre, lequel après avoir été lescivé avec beaucoup d'eau distillée, & digéré à chaque fois, puis séché doucement, s'est trouvé diminué de trois onces trente-huit grains, qui est à peu près la partie vraiment saline de cette eau.

SECONDE EXPÉRIENCE

Par la Chryſtalliſation.

Les trois premieres leſcives ayant été filtrées, ſuffiſamment évaporées, & expoſées pendant quelques ſemaines à l'air, ont doñné dans deux chryſtalliſations, preſque une once de ſel de Glauber. Dans la ſeconde chryſtalliſation il y avoit trois petits cryſtaux en cube, qui avoient l'air de ſel marin. La liqueur qui en eſt reſtée étoit une eau-mere de ſel marin; car en la délayant avec de l'eau diſtillée, & y mêlant un alkali fixe, il s'eſt fait un précipité qui a fait efferveſcence, & a formé un ſélénite avec l'acide vitriolique, & cette eau-mere ſéchée ayant été mêlée avec l'huile de Vitriol, il s'eſt élevé des vapeurs abondantes d'acide de ſel, & il s'eſt auſſi formé un ſélénite.

TROISIÉME EXPÉRIENCE

Avec l'huile de Vitriol.

Ayant donc ainſi privé le réſidu des eaux de la premiere ſource de toute ſa

matiére faline foluble, par le mélange
d'eau diftillée, j'ai ajouté à un gros de
cette matiére fix onces d'huile de Vitriol,
affoiblie avec une once d'eau diftillée.
D'abord après le mélange, cette matiére
de rougeâtre qu'elle étoit eft devenue
blanche : preuve de la diffolution de la
partie ferrugineufe. Les parties terreufes
n'ont pas paru diminuer, même après
une affez longue digeftion : elles font
par conféquent infolubles par cet acide,
& comme il n'y a paru aucune effervefcence, il eft vraifemblable qu'elles font
féléniteufes.

QUATRIÉME EXPÉRIENCE

Avec l'alkali fixe.

L'ayant délayé avec trois onces d'eau
diftillée, mifes fur le tout, & enfuite filtré, j'ai ajouté à une portion de cette liqueur filtrée, de l'alkali fixe, & j'ai
d'abord obfervé une grande effervefcence. Enfuite il s'y eft fait un précipité
blanchâtre & peu confidérable, quoique
j'y euffe plus mis d'alkali, qu'il n'en
falloit pour faturer l'acide furabondant.
Que fi on n'y ajoute que la quantité
précife

précife d'alkali, ou un peu moins qu'il n'en faut pour faturer l'acide furabondant (ce qu'on connoît à peu près par le papier bleu) ; fi alors, dis-je, on y mêle de la teinture de Noix de Galles, il fe fait un bleu violet obfcur, & après quelque tems un précipité de la même couleur. Que fi on mêle d'abord la teinture de Noix de Galles avec ladite liqueur, fans le mélange d'alkali, il ne fe fait pas de couleur enchreufe. La raifon en eft que le fer eft fufpendu par l'acide furabondant, & il y arrive alors à peu près la même chofe qui arrive au Vitriol de Mars rendu noir par la teinture de Noix de Galles, lequel devient clair & tranfparent auffi-tôt qu'on y ajoute de l'acide vitriolique, & redevient encore noir par le mélange d'un alkali.

De-là on peut conclure qu'une liqueur peut contenir du fer, même en grande quantité, fans qu'il puiffe être rendu manifefte par la feule teinture de Noix de Galles.

CINQUIÉME EXPÉRIENCE

Avec le Vinaigre diftillé.

Deux gros de cette fubftance réfidu

infoluble des eaux de la premiere fource
ayant été fuffifamment digérés à trois re-
prifes, avec deux onces de bon vinaigre
diftillé à chaque reprife, la matiére n'a
point changé de rouge comme ci-devant.
Il ne s'y eft pas fait la moindre effervefcence, & elle n'a été diffoute qu'en très-
petite quantité. Il y avoit pourtant dans
cette diffolution un peu de fer, dont j'ai
démontré la préfence par l'alkali volatil & la teinture de Noix de Galles ; car
il s'y eft fait après ces mélanges une couleur pourprée & un peu de précipité de
la même couleur.

SIXIÉME EXPÉRIENCE

Avec le Sel de Tartre & le Charbon.

Ce qui a refté après les digeftions
dans le vinaigre diftillé, s'eft trouvé peu
diminué. Je l'ai fait laver à plufieurs re-
prifes avec de l'eau diftillée, & l'ayant
à la fin féché, je l'ai mêlé avec deux gros
de fel de Tartre & un peu de charbon,
après quoi j'ai mis le tout dans un creufet
d'Allemagne avec fon couvercle bien
joint & luté, & par le fecours d'un feu
de fufion dans une forge, il en eft ré-

fulté un *hepar*, qui fembloit à celui que donne le gypfe de Montmartre traité de la même façon.

SEPTIÉME EXPÉRIENCE

Examen de cet Hepar.

Enfuite j'ai diffous & filtré cet hepar; & j'ai mêlé dans cette diffolution un acide qui a excité une effervefcence, accompagnée d'une odeur femblable à celle que donne l'hepar ordinaire de fouffre traité de la même façon. Il s'eft précipité auffi un peu de fouffre.

Comme le vinaigre diftillé a la propriété de diffoudre les terres abforbantes, & qu'il n'a guères touché à notre réfidu, j'aurois dû dès le commencement conclure qu'il étoit féléniteux.

HUITIÉME EXPÉRIENCE

Diffolution du réfidu avec l'Efprit de Nitre & celui de Sel Marin, mêlée avec l'alkàli.

L'Efprit de Nitre & celui de Sel Marin diffolvent une grande portion de ce réfidu infoluble, mais fans effervefcence

Bij

marquée. Si on délaye ce mélange avec
de l'eau diftillée, qu'on le filtre enfuite,
& qu'on y ajoute de l'alkali, il s'y fait
une violente effervefcence, & enfuite un
précipité abondant, pourvû qu'on y mêle
fuffifamment d'alkali, c'eft-à-dire, non-
feulement ce qu'il en faut pour faturer
l'acide furabondant, mais autant qu'il eft
néceffaire au de-là pour précipiter la
terre. Car fi on n'y en mêle qu'à peu près
la quantité qu'il en faut pour faturer l'a-
cide furabondant, il ne fe fait pas de
précipité. Si dans cet état de neutralité
on y ajoute notre infufion de Noix de
Galles, il s'y fait une couleur enchreufe,
& peu après un précipité de la même
couleur, ce qui eft fort étonnant à l'é-
gard de l'Efprit de Nitre, qui généra-
lement parlant ne diffout pas les fubftances métalliques privées de leur phlogiftic.

Ces deux acides changent la couleur
rouge de notre réfidu en blanc : preuve
de la diffolution du fer.

NEUVIÉME EXPÉRIENCE

Démonftration du Fer.

J'ai traité le dépôt des eaux de la

premiere source de la même façon qu'à fait Bekher pour démontrer le fer dans l'argille, ce qu'il a crû mal à propos être une transmutation.

Origine du Sel de Glauber & de l'Eau-Mere de Sel Marin, qui se trouvent dans les Eaux Minérales.

LEs Pyrites qui sont renfermés dans la terre produisent les Vitriols par le moyen de la communication de l'eau & de l'humidité souterraine. Les Vitriols se dissolvent dans les eaux souterraines, & quand il s'y rencontre du sel marin, ce qui arrive assez fréquemment, il se fait une double décomposition, & on a le sel de Glauber & le fer uni avec l'acide de sel. Une grande partie du fer est précipitée & séparée par le passage des eaux à travers différentes terres, mais principalement par la chaleur souterraine, qui ne laisse pas que d'être assez considérable dans quelques endroits.

Le sélénite peut aussi contribuer à

former le fel de Glauber, mais alors il s'y forme un autre compofé, qu'on nomme eau-mere de fel marin, qui n'eft que l'acide de fel uni à la terre du félénite.

Un de mes amis m'a rapporté qu'il avoit diffous du fel d'Epfom en Angleterre pour en tirer la Magnéfie à la façon de Hoffman. Cette terre s'eft parfaitement diffoute par l'acide de Vitriol, & a formé un véritable *Alum*. Elle venoit de l'eau-mere du fel marin, qui étoit contenue dans le fel d'Epfom, & ce fel a été vraifemblablement formé par l'Alum & par le fel marin. De-là on voit que l'Alum qui fe trouve auffi fréquemment dans la terre, peut former un fel de Glauber, quand il rencontre du fel marin, ou fon eau-mere, laquelle eau-mere différe de celle de nos Eaux de Paffy par fa terre. L'acide vitriolique, felon Bekher, eft formé d'eau & de terre vitrifcible. Si cela eft vrai, comme je le penfe, il faut qu'à mefure qu'il fe forme, il s'uniffe avec la terre qui lui fert de bafe ; & c'eft de cette maniere que fe forme le gyp, que je crois être une efpece de félénite, auffi bien que plufieurs autres fubftances.

Ce que je viens de dire me paroît très-vraisemblable, du moins plus satisfaisant que ce qu'en a dit Hoffman, puisque sans avoir recours à des hypotheses, ces choses paroissent démontrées.

Vertus des Eaux de Passy.

LEs Eaux de Passy sont de deux especes, les épurées, & les non épurées. Ces dernieres sont celles des trois sources, dont les épurées ne différent que parce qu'en les laissant reposer six semaines plus ou moins, elles déposent quelques parties terreuses, & presque tout leur fer, ce qui les fait appeller épurées.

Les effets & vertus des Eaux Minérales dépendent des substances qu'elles contiennent. Les trois sources contiennent du fer, du sel de Glauber, du sel marin, une eau-mere de ce sel, un sélénite, & quelques parties terreuses, comme on l'a vû dans les Expériences précédentes. Elles auront par conséquent les mêmes vertus, & les mêmes effets que ces substances produiroient étant prises dans un véhicule aqueux.

B iv

Les eaux épurées, c'eſt-à-dire, celles dont le fer s'eſt précipité, contiennent du ſel de Glauber, du ſel marin, une eau-mere de ce ſel, & quelque peu de parties terreuſes; ainſi elles ne peuvent produire que les effets propres de ces ſubſtances.

Il y a donc cette différence entre les eaux épurées & les eaux des trois ſources, que ces dernieres ont une vertu Martiale, & que les autres en ſont privées, ou du moins qu'elles n'ont cette vertu qu'en un très-foible dégré, parce qu'il n'y reſte plus qu'un atome de fer, comme nous l'avons remarqué.

Les propriétés du fer ſont de fortifier les fibres, & de leur donner plus de reſſort. Il diviſe, il briſe & attenue les humeurs : il eſt par conféquent tonique & apéritif. Mais le fer de ces eaux n'eſt pas un vrai fer en corps, il lui manque encore le phlogiſtic pour devenir vrai fer, ainſi il eſt plutôt tonique qu'apéritif ou diviſant. Mais comme par ſa vertu tonique il donne plus de reſſort aux fibres, il procure un mélange plus exact aux humeurs, qui ſe trouvent mieux briſées & atténuées par l'action des ſolides dont le reſſort eſt augmenté. D'ailleurs la terre vitrifcible qu'elles contiennent peut encore aider un peu à diviser les humeurs. De-là on doit conclure que la vertu tonique & apéritive des Eaux de Paſſy réſide dans les eaux des ſources ſeulement.

Le ſel de Glauber, le ſel marin, ſon eau-mere, & le ſélénite ſont purgatifs. Ainſi les eaux des ſources ſont non ſeulement toniques & apéritives, mais encore purgatives.

Si l'on fait attention aux Expériences que je viens d'expoſer, on verra que chaque pinte de ces eaux ne contient pas tout-à-fait dix grains de ſel de Glauber ; & c'eſt la raiſon pourquoi on eſt obligé d'y ajouter quelque purgatif, comme du ſel de Saignette, du Glauber, ou autre ſel purgatif, de la Manne, ou quelqu'autre choſe ſemblable pour leur donner une vertu purgative. Je ſçai que l'eau-mere du ſel marin peut contribuer à leur donner cette vertu, & j'ai vû nombre de perſonnes que les eaux épurées ont purgées ſans addition d'aucun autre purgatif. Mais l'eau de la Seine produit le même effet, quoiqu'elle ne ſoit réputée purgative que par rapport à ceux qui ne ſont point accoutumés à en faire ufage. Plufieurs Etrangers après en avoir bû, éprouvent fouvent des dévoyemens cruels. Qu'on fe repréfente la quantité prodigieufe de fel qui s'y mêle 1°. de tous les bois flottans qui fe tranf- portent à Paris ; 2°. de tout ce qu'on y jette de l'Arfenal ; 3°. des immondi- ces des rues & égoûts de cette grande Ville ; 4°. de tout le linge qui fe lave dans cette riviere, on verra que malgré les fontaines fabléés, & autres inventions femblables, cette eau doit toujours con- tenir beaucoup de fel, & devenir pur- gative non-feulement par rapport aux Etrangers, dont les boyaux ne font point accoutumés aux fubftances qu'elle charrie, mais même par rapport aux Habitans quand ils en boivent une trop grande quantité, comme deux ou trois pintes par jour.

Les eaux épurées de Paffy font donc plutôt rafraîchiffantes que purgatives ou apéritives, quoiqu'elles confervent un peu de l'une & l'autre de ces dernieres qualités ? Mais elles peuvent toujours faire beaucoup de bien au premier égard. Leur vertu peut être encore augmentée fi l'on a foin de préparer les Malades, ou d'ajouter à l'ufage de ces eaux, des Remè- des convenables.

Il y a des perſonnes à qui elles conviendroient pour boiſſon ordinaire, comme celles qui ſe trouvent naturellement échauffées, qui ont la lymphe âcre, ou le ſang diſpoſé à s'enflammer, les urines épaiſſes & glaireuſes, la bile craſſe & viſqueuſe, les boyaux pareſſeux ſans paralyſie, ou dans les jauniſſes commençantes, dans les ſables fins des reins, dans certains embarras des boyaux & autres viſcères du bas-ventre, qui demandent néanmoins des préparations antérieures, & quelquefois des purgatifs mêlés avec les eaux.

Elles produiſent ſur-tout de très bons effets au commencement des Gonorrhées, & ſont préférables à tous égards à ces différentes ptiſannes, qui ne ſont guères propres qu'à relâcher & à débiliter l'eſtomac, & procurent rarement le ſoulagement que l'on déſire. Il y a auſſi des eſpeces de fleurs blanches où elles ſont ſalutaires, mais elles opérent foiblement dans les écoulemens de Matiére Séminale chez les hommes, que quelques-uns qualifient fort mal à propos d'un excès de vigueur. Si elles font quelquefois du bien dans ce dernier cas, c'eſt par l'atome de fer qu'elles contiennent, & quand on s'apperçoit d'un pareil effet ; on doit d'abord les abandonner pour faire usage de celles des sources, en commençant par la premiere, & en finissant par la troisiéme, ou par le petit lait fait avec les eaux épurées. Car il n'est pas douteux que les eaux des sources ne soient toniques & fortifiantes, & très-propres pour les maladies qui consistent dans une atonie ou défaut de ressort.

L'Expérience journaliére nous apprend que les eaux épurées humectent & rafraîchissent, qu'elles facilitent les sécrétions, fortifient l'estomac, & rétablissent quelquefois les ressorts affoiblis. Elles réussissent aussi dans certains maux de tête, dans les affections mélancoliques & vapeurs légéres, dans les vertiges, les palpitations de cœur, l'appetit dépravé, les maladies des reins & de la vessie, la gravelle, les pertes de sang, les hémorrhoïdes douloureuses, dans les ardeurs d'urine & les glaires, & dans les maladies cutanées. Elles lavent le sang, l'estomac & les boyaux, & sont ordinairement très-bonnes dans les coliques de ces viscères, sur-tout dans les bilieuses. On pourroit par conséquent se servir avec succès du petit lait seul fait

avec ces eaux, dans toutes les maladies in-
flammatoires, dans les ardeurs d'urine, &
autres pareilles indispositions, sur-tout
de celui que l'on aura fait clarifier. Que
si l'indication étoit d'arrêter quelque
évacuation immodérée, ou involontaire,
il seroit à propos d'employer le petit
lait fait avec les eaux de la premiere
source, sans le faire clarifier; il don-
neroit de la force à l'estomac & aux
intestins. Il peut être pareillement fort
utile dans les crachemens de sang, après
qu'on auroit fait les saignées nécessaires,
dans les Gonorrhées simples, les Fleurs
blanches, les Diarrhées séreuses, &c.

  Tout le monde sçait qu'il est assez
difficile de bien faire le petit lait. Souvent on n'y réussit pas avec la crême
de Tartre, ni avec la présure, le vinaigre, ou le suc de citron; & si l'on y
parvient, on a bien de la peine à le ren-
dre clair, & pour en ôter le goût désa-
gréable qu'y laissent certaines substances,
on est souvent obligé d'y mettre la moi-
tié d'eau. Mais avec les eaux de Passy,
on le fait sans difficulté, & à très-peu
de frais. De cette maniere il est vraiment
médicinal sans le paroître, agréable au
goût sans sirop, & nullement choquant

à la vûe. Les Médecins & les Malades trouveront leur compte. Celui que M. Roüelle prépare de cette façon eſt le meilleur que j'aye encore vû.

Au reſte il y a apparence que les anciennes Eaux de Paſſy ont à peu près les mêmes vertus que les autres. L'Analyſe qui en a été faite derniérement, me le fait juger ainſi. Je n'ai pas encore eu le loiſir de la faire moi-même, mais je me propoſe d'y travailler dans peu, non que je n'eſtime point aſſez celle de M. Brouzet, mais parce que j'ai à cœur l'inſtruction de mes Enfans . & que ces ſortes d'opérations ſont une eſpece de délaſſement pour moi dans les fatigues de ma Profeſſion.

Ne tibi ſit quies à labore deſidia , ſed honeſtâ ſemper alicujus tractatio. Sene[...]

F I N.

TABLE

DES MATIERES.

PREMIERE PARTIE.

Des Expériences humides.

TABLE

Fin de la Table des Matieres.

www.ingramcontent.com/pod-product-compliance
Lightning Source LLC
Chambersburg PA
CBHW071413200326
41520CB00014B/3421